DE LA CULTURE
DU TOPINAMBOUR

CONSIDÉRÉE

COMME POUVANT SERVIR D'AUXILIAIRE

A CELLE DE

LA POMME DE TERRE;

PAR M. BAGOT,

ANCIEN MÉDECIN ORDINAIRE AUX ARMÉES,
ANCIEN CO-RÉDACTEUR DES ANNALES DE L'AGRICULTURE FRANÇAISE,
MEMBRE DE L'ANCIENNE SOCIÉTÉ D'AGRICULTURE
DU DÉPARTEMENT DE LA SEINE.

« ... Primo avulso non deficit alter. »
Énéid., liv. VI.

PRIX : 75 CENTIMES.

PARIS,

A LA LIBRAIRIE AGRICOLE DE DUSACQ,

Éditeur de la Maison rustique et du Bon Jardinier,

RUE JACOB, 26,

Et chez tous les libraires de la France et de l'étranger.

MARS 1847.

DE LA CULTURE

DU TOPINAMBOUR

CONSIDÉRÉE

COMME POUVANT SERVIR D'AUXILIAIRE

A CELLE DE

LA POMME DE TERRE

DE L'IMPRIMERIE DE CRAPELET, RUE DE VAUGIRARD, 9.

DE LA CULTURE

DU TOPINAMBOUR

CONSIDÉRÉE

COMME POUVANT SERVIR D'AUXILIAIRE

A CELLE DE

LA POMME DE TERRE;

PAR M. BAGOT,

ANCIEN MÉDECIN ORDINAIRE AUX ARMÉES,
ANCIEN CO-RÉDACTEUR DES ANNALES DE L'AGRICULTURE FRANÇAISE,
MEMBRE DE L'ANCIENNE SOCIÉTÉ D'AGRICULTURE
DU DÉPARTEMENT DE LA SEINE.

« .... Primo avulso non deficit alter »
Lucad., liv VI.

PRIX : 75 CENTIMES.

PARIS,

A LA LIBRAIRIE AGRICOLE DE DUSACQ,

Éditeur de la Maison rustique et du Bon Jardinier,

RUE JACOB, 26,

Et chez tous les libraires de la France et de l'étranger.

MARS 1847.

A LA MÉMOIRE

DE

PARMENTIER.

AVIS.

En 1806 et 1807, je rédigeais, conjointement avec feu M. Tessier, membre de l'Institut, les *Annales de l'Agriculture française*. Dans les huit volumes de ces deux années furent insérés plusieurs Mémoires que j'avais écrits sur la culture du *Topinambour* et sur ses avantages pour l'alimentation des hommes et du bétail.

La maladie récente des pommes de terre ayant attiré l'attention publique, il m'a semblé opportun de ramener aujourd'hui cette attention vers le *Topinambour*, considéré comme un équivalent propre à remplacer, sinon complétement, du moins en partie, une culture frappée par un fléau dont la nature n'est pas encore déterminée.

La présente publication renferme la substance des Mémoires précités : sous une autre forme, c'est une édition nouvelle des faits et documents que j'ai publiés sur le *Topinambour* il y a quarante ans.

TABLE.

Pages.

Quelques détails préalables sur la Pomme de terre et ses altérations. 2

Maladies de la Pomme de terre. 4

Description du Topinambour. 8

Usages du Topinambour. 10

Culture du Topinambour. 11

Comparaison de la Pomme de terre et du Topinambour. 13

Objections contre le Topinambour. 20

EXTRAIT

D'UN RAPPORT DE M. VILMORIN A LA SOCIÉTÉ ROYALE
ET CENTRALE D'AGRICULTURE, AU NOM D'UNE COM-
MISSION SPÉCIALE.

« Quant au *Topinambour*, qui, dans notre opi-
« nion, n'est pas estimé, à beaucoup près, autant
« qu'il le mérite, nous dirons : qu'il est d'une vigueur
« et d'une rusticité sans égales ; que les gelées les plus
« rigoureuses n'atteignent jamais son tubercule ; qu'il
« est littéralement *créateur d'engrais*, attendu que,
« dans de médiocres terrains, siliceux ou calcaires, il
« rapporte, sans fumure, presque autant que des
« pommes de terre fumées ; enfin, qu'il est utile par
« ses tubercules, par ses feuilles et par ses tiges. Aussi
« le recommanderons-nous aux pays dont l'agriculture
« est peu avancée... C'est, dans notre conviction, une
« plante excellente ; c'est essentiellement une plante
« de progrès. »

Ce témoignage en faveur du topinambour est telle-
ment positif, que j'ai cru devoir le mettre sous les
yeux des lecteurs. Il émane d'ailleurs d'une compa-
gnie savante dont personne ne contestera l'autorité
en pareille matière.

QUELQUES DÉTAILS PRÉALABLES

SUR LA POMME DE TERRE ET SES ALTÉRATIONS.

Lorsqu'en 1789 l'illustre PARMENTIER fit paraître son *Traité de la Culture de la Pomme de terre*[1], l'Irlande, l'Angleterre, la Hollande et une partie de l'Allemagne en avaient successivement adopté l'usage depuis plus d'un siècle. En France, elle n'était guère cultivée que dans les jardins.

Elle figurait bien sur la table de quelques riches curieux, de quelques naturalistes philanthropes ; mais la routine et les préjugés la repoussaient ; le peuple des campagnes ne la connaissait pas, et la population des villes en avait à peine entendu parler[2].

Il fallut, pour en répandre universellement la culture, que les armées de la France, débordant en 1793 sur cent lieues de frontières, fissent irruption dans la riche vallée du Rhin, où l'avait portée en 1710 un habitant du pays de Vaud, nommé *Seignorel*. Partout où le pain manquait à nos soldats, la pomme de terre le remplaça. Ceux qui revirent leurs foyers y rapportèrent le goût d'une plante qui les avait plus d'une fois préservés de la famine ; et bien-

---

[1] Paris, Barrois l'aîné ; in-8°.

[2] Trente ans auparavant, mon père, prisonnier de guerre en 1759, avait vu la pomme de terre dans les environs de Plymouth. De retour en Bretagne, sa patrie, il fit longtemps d'inutiles efforts pour la propager. En 1730, son champ de pommes de terre ayant été dévasté par les voisins, il en distribua gratis aux pillards.

tôt on la vit se multiplier et prospérer autour des chaumières de tous nos départements.

Aujourd'hui la détérioration et l'amoindrissement de ses produits réveillent naturellement le souvenir des végétaux analogues qu'il serait avantageux de cultiver, en attendant la cessation du fléau qui sévit sur elle.

A Dieu ne plaise qu'on m'accuse de chercher à déprécier une culture qui fut la providence de nos armées, et qui, depuis un demi-siècle, alimente pendant six mois de l'année les marchés de nos villes, la population de nos campagnes, tous nos ouvriers et leurs nombreux enfants!

Mais lorsque l'avenir de cette culture est menacé depuis deux ans par des causes encore inconnues, lorsque la simple altération d'un tubercule ébranle dans plusieurs contrées les fondements de la société, il doit être permis de recommander aux gouvernements et aux cultivateurs, à titre de ressource auxiliaire, toutes les cultures succédanées qui peuvent entrer dans le régime alimentaire des hommes et des bestiaux. Chaque année voit se propager la culture des choux et des betteraves de toutes les espèces, celle des carottes et des navets de toutes les variétés, celle des choux-raves et des rutabagas, tandis que l'on connait à peine celle du *Topinambour*, dont cependant la végétation vigoureuse s'accommode des terrains les plus médiocres, et peut mettre en valeur des portions de sol condamnées jusqu'à ce jour à la stérilité.

MALADIES DE LA POMME DE TERRE.

Parmentier s'exprime comme suit (pag. 65) :

« Souvent les pommes de terre sont dures, coriaces et filandreuses ; il arrive aussi qu'elles ont dans leur intérieur des nodosités noirâtres, semblables à des squirrhes. »

Et (pag. 74) :

« Les grosses blanches et les rouges oblongues ont quelquefois leur surface chagrinée et comme dartreuse. Le vulgaire les nomme en cet état : Pommes de terre *galeuses ;* mais leur intérieur est *fort sain.* »

Cette dernière assertion n'est pas complétement exacte. Les altérations de la surface atteignent bientôt le parenchyme et dégénèrent en pourriture ; les tubercules contractent uue saveur dégoûtante, et cessent d'être pour l'homme un aliment appétissant.

Parmentier assure cependant « qu'ils peuvent sans inconvénient servir à la nourriture des bestiaux. » (Pag. 65.)

Cette opinion peut bien être fondée pour la vache laitière et le porc ; mais un fait récent la démentirait en ce qui concerne les gallinacés.

Les époux Cochet, habitants de Villejuif près Paris, se sont avisés de nourrir une quarantaine de volailles avec des pommes de terre gâtées qu'ils faisaient cuire : en octobre 1846 ils en avaient perdu trente-cinq.

L'innocuité absolue des pommes de terre malades n'est donc pas démontrée.

Du reste aucun remède n'a encore été indiqué dans ces derniers temps, et Parmentier lui-même n'en propose d'autre que la précaution d'aller chercher ailleurs, pour renouveler les plantations, des « pommes de terre saines provenant d'un sol de nature différente. » (P. 67.)

Il ne faut pas se le dissimuler ; non-seulement les causes de cette maladie sont encore ignorées, mais on n'est pas même d'accord sur son caractère.

Ainsi Parmentier signale l'existence de *squirrhes* dans l'intérieur des tubercules, et d'inégalités *dartreuses* à leur surface ; — d'autres ont constaté des *granulations rousses* et des *rugosités* d'apparence *galeuse*, qui pénètrent de la superficie au centre ; — quelques observateurs admettent une végétation cryptogame de l'espèce *botrytis*, qui s'attacherait surtout aux feuilles et aux tiges de la plante ; — Enfin, des observations microscopiques auraient révélé la présence d'un *acarus* et de quelques autres insectes parasites, etc.

Comment accorder ces variantes ? comment remédier à des altérations dont on n'a pas encore apprécié la nature ?

Le hasard viendra peut-être au secours de l'exploration scientifique, et probablement il résoudra seul, comme on l'a vu quelquefois, la question de thérapeutique végétale actuellement soumise aux compagnies savantes.

Mais, en attendant que l'empirisme des faits ait confirmé ou démenti les conjectures, la précaution de changer de semence qu'indiquait **Parmentier** en 1789 est encore le seul procédé auquel on puisse raisonnablement supposer quelque efficacité ; car il ne faut pas regarder comme une ressource *actuelle* le renouvellement de la pomme de terre par des semis de graine, dont le résultat (d'ailleurs problématique) se ferait encore attendre deux ou trois ans.

Cependant le fléau s'étend ; — des localités, épargnées en 1845, ont été atteintes en 1846. La France, l'Irlande, l'Écosse, l'Angleterre, les Flandres, la Hollande, la Belgique, la Savoie, le Portugal, plusieurs contrées de l'Allemagne, du Danemark et de la Suède voient périr ou s'atténuer la principale ressource alimentaire de leurs indigents.

La prévoyance paternelle des gouvernements et la bienfaisance publique obvieront provisoirement au mal, et des importations de subsistances conjureront sans doute les horreurs et les dangers de la famine.

Mais qui peut assurer que l'année 1847 et les années suivantes ne verront pas se reproduire les mêmes calamités ? Et, lorsque des populations entières ont contracté l'habitude de vivre à peu près exclusivement de pommes de terre, serait-il sage de les abandonner au hasard des mauvaises récoltes à venir ?

Quelques économistes inclineraient à penser que la terre est fatiguée d'une culture qui remonte en Europe à plus de deux siècles [1].

---

[1] La pomme de terre fut importée de la Virginie en Irlande en 1580, par Walther Raleigh ; et du Pérou à Londres en 1586, par Francis Drake.

Cette opinion serait difficile à soutenir.

Toutefois, il paraît constant que là où l'on récoltait habituellement soixante mesures, on n'en a récolté en effet, dans ces dernières années, que trente-cinq ou quarante, et l'on peut voir chaque jour dans nos marchés que le volume des pommes de terre de toutes les variétés est notablement amoindri.

Quoi qu'il en soit, dans l'hypothèse fort admissible du retour des années malheureuses, il est convenable d'indiquer les cultures analogues à celle de la pomme de terre, et qui peuvent, au besoin, fournir un supplément de ressources.

La plus importante de ces cultures succédanées est celle du *Topinambour*, dont Parmentier, à la suite de son *Traité de la Pomme de terre*, nous a laissé, en neuf ou dix pages, une histoire beaucoup trop succincte.

C'est dans le but de compléter cette histoire du *Topinambour* que j'ai entrepris de refondre et de résumer en un seul travail mes divers mémoires et notes sur la culture de cette plante alimentaire.

DESCRIPTION DU TOPINAMBOUR.

Tournefort le désigne sous plusieurs noms :

Helianthemum tuberosum indicum ;—Corona solis parvo flore, tuberosa radice ;—Aster peruanus ;—Topinambour.

Linné le nomme tout simplement *Helianthus tuberosus.*

Dans le *Genera Plantarum* de Jussieu, publié en 1789, il est fait mention de trois espèces d'*helianthemum* et d'*helianthus ;* mais la variété à tubercules n'y est pas indiquée.

Le *Topinambour* est appelé aussi vulgairement : *poire de terre, taratouf, artichaut de Jérusalem, canadas,* etc.

On n'en connaît aucune sous-variété.

Cette plante, de la famille des *radiées,* est un soleil ou tournesol à petites fleurs jaunes. Les racines qu'elle jette sont garnies de tubercules à chair blanche, dont la peau est d'un rouge verdâtre, et dont la forme, assez irrégulière d'ailleurs, se rapproche de celle d'une poire. Il y en a de la grosseur du poing.

Le *Topinambour* est annuel. C'est un des plus vigoureux végétaux qui nous aient été donnés par le nouveau monde. La date précise de son importation est inconnue ; mais elle doit être au moins du xviie siècle et antérieure à Tournefort, qui publiait son système en 1694.

Suivant quelques auteurs, il est originaire de l'Amérique septentrionale et serait venu du Canada ; en effet, il résiste très-bien au froid et séjourne impunément jusqu'au printemps sous une épaisse couche de neige. On le cultive depuis longtemps en Saxe, dans la Thuringe, aux environs d'Erfurt, de Heiligenstadt et de Nordhausen.

Selon d'autres, il nous aurait été apporté du Brésil ou du Pérou, et l'on a vu ci-dessus que Tournefort le qualifie : *Aster peruanus*. Ce qui viendrait d'ailleurs à l'appui de cette opinion, c'est qu'il fleurit bien en France, mais que sa graine y arrive rarement à maturité.

Il résulterait de ces détails que le *Topinambour* s'accommode à peu près de tous les climats.

Quel que soit son pays natal, c'est une plante d'une végétation robuste. Sa taille moyenne est d'un à deux mètres et s'élève souvent au-dessus. Sa tige, parfaitement cylindrique, semi-ligneuse et parsemée de poils roides et courts, est de la grosseur du doigt. Elle renferme une substance médullaire abondante et compacte, dont le diamètre équivaut aux cinq huitièmes du diamètre total du cylindre. Cette tige est élancée et garnie de larges feuilles ovales terminées en pointe, de la longueur d'une main d'homme et rudes au toucher. Jusqu'à la moitié de sa hauteur, les feuilles naissent au nombre de trois et opposées. Vers le tiers supérieur, elles deviennent alternes. La fleur paraît au sommet de la tige en octobre ou novembre. Son disque est large comme une pièce de deux francs.

USAGES DU TOPINAMBOUR.

Ce tubercule est alimentaire, et plait également à l'homme et aux animaux.

Il est d'une saveur douce, légèrement aromatique et qui rappelle le goût des culs d'artichaut. On le mange tantôt cuit à l'eau ou à la vapeur, en friture ou à la sauce blanche; tantôt sauté au beurre avec du lard ou des oignons; tantôt en ragoût avec des viandes coupées par morceaux. Sous toutes les formes, c'est un aliment agréable et substantiel. Les enfants s'en arrangent fort bien.

Tous les animaux en sont avides. Les chevaux, les vaches, les moutons négligent l'avoine, le fourrage et les grenailles, pour courir au tas de *Topinambours*. Les lièvres même en sont friands; ils culbutent les tiges et rongent les tubercules. Récolté en hiver, dans une saison où les vivres frais sont rares, le *Topinambour* maintient et augmente la quantité de lait que fournissent les vaches.

Mais il est difficile de se faire une idée exacte de l'ardeur avec laquelle les bêtes à laine le recherchent. C'est un supplément précieux pour les brebis nourrices. Son usage double la sécrétion du lait, et prévient l'épuisement qui succède à un allaitement prolongé. Des essais multipliés et prolongés ont prouvé que les agneaux des mères nourries de *Topinambours* sont agiles, sains et robustes, et se développent rapidement.

CULTURE DU TOPINAMBOUR.

Tous les terrains lui conviennent. Assurément il produit davantage dans un sol riche, meuble et profond ; mais il croît et donne des récoltes passables dans les plus mauvaises terres, pour peu qu'elles soient neuves ou amendées. Une expérience de quarante ans a démontré qu'il réussit dans les craies de la Champagne, dans les marais de l'Aunis, dans les sables mobiles et brûlants des landes de Bordeaux et de Mont-de-Marsan, dans les fonds tourbeux de la vallée de l'Ourcq et de l'Artois, dans les schistes froids et glaiseux du centre de la Bretagne. On en a planté dans un amas de recoupes de pierres calcaires et de granit : ils y ont végété comme ailleurs et donné quantité de beaux tubercules. Il faut toutefois reconnaître la vérité de ce proverbe que cite Parmentier : *Ce qui ne convient pas là est bon ici.*

Le *Topinambour* peut se cultiver en grand ou sur une petite échelle.

Planté dans le jardin ou le verger attenant à la chaumière du cultivateur, pêle-mêle avec les arbres fruitiers, l'oseille et les choux à vache, il profite de tous les labours à la main donnés aux cultures potagères, des résidus et balayures du ménage et du voisinage des fumiers. C'est ainsi qu'on le voit en Alsace, dans beaucoup de vergers à Quetches, où il prospère et se perpétue sans avoir besoin d'être renouvelé. C'est ainsi que feu M. Yvart, cultivateur propriétaire à Maisons-Alfort, en conserva plusieurs années près de sa ferme une plantation d'un hectare à peu près, avec la seule précaution d'y faire donner un binage chaque année, et de répandre un peu de fumier sur le sol tous les trois ou quatre ans. Dans ces petites cultures toujours voisines de l'habitation, les *Topinambours* sont plantés confusément, mais comme ils sont à portée de tous les soins, leurs produits s'élèvent au maximum.

Cultivé en grand et planté à la charrue, le *Topinambour* produit moins et cependant il rapporte encore beaucoup plus que la pomme de terre.

Tout bon cultivateur connait la plantation à la charrue : on ne la décrira donc pas. Seulement il est utile de dire qu'on doit y procéder en avril ou mai, après la semaille des orges, et que pour planter un hectare en *Topinambours,* il faut environ six sacs de tubercules gros à peu près comme des noix. On les plante à 50 centimètres l'un de l'autre. Chaque charrue à deux chevaux exige un laboureur suivi de trois ouvriers planteurs qui peuvent être des femmes ou de jeunes garçons. Il faut les pourvoir de paniers et les placer à trente mètres de distance entre eux à la suite de la charrue. Comme il doit rester un intervalle entre les rangées pour faciliter le binage, on fera toujours succéder un sillon vide au sillon planté. Une précaution très-importante, c'est d'enfoncer obliquement les tubercules dans la terre meuble du plan incliné formé par le versoir de la charrue, afin qu'en repassant pour les recouvrir, le cheval de droite ne les culbute pas.

COMPARAISON

DE LA POMME DE TERRE ET DU TOPINAMBOUR.

1° Les jeunes pousses de la *Pomme de terre* ne résistent pas toujours aux gelées matinales du mois de mai. Dans une seule nuit, on a vu ces gelées, qu'une opinion populaire attribue à l'influence de la *lune rousse*, détruire des plantations de plusieurs hectares, et anéantir l'espoir de l'année. A l'époque de la floraison, les chaleurs trop vives et trop continues, en desséchant la terre, grillent quelquefois par-dessous les feuilles de la plante. Son produit est donc souvent précaire et subordonné aux variations atmosphériques.

2° La *Pomme de terre* a pour ennemis la taupe, le mulot et surtout le ver blanc. En outre, elle est sujette à diverses maladies. Elle devient squirrheuse, dartreuse, ou tombe en pourriture, comme dans ces dernières années; d'autres fois, elle

1° La récolte du *Topinambour* est toujours certaine, parce que son organisation vigoureuse ne craint ni les gelées tardives du printemps, ni les chaleurs vives et persistantes de l'été, ni la réverbération du sol. Sous l'ombrage impénétrable de ses larges feuilles, la terre se conserve humide et fraîche pendant plusieurs jours, alors même que tout est desséché dans les environs.

2° On ne connaît pas encore d'insectes qui fassent leur pâture habituelle du

rouille comme les blés. Dans une terre légère, à fond graveleux, je l'ai vue, à la suite d'une sécheresse de quatre mois, ne donner que des touffes de racines chevelues, au lieu de tubercules. Elle peut aussi être attaquée d'une maladie spéciale nommée vulgairement *cloque* et connue en Flandre sous le nom de *pivre*, à Lyon, sous celui de *frisolée*; alors ses feuilles se crispent, se contournent, se décolorent; la plante languit, se rabougrit et la récolte est à peu près nulle.

3° Il est dangereux de donner aux bestiaux la pomme de terre *crue*, et du moins il faut toujours la mélanger avec du fourrage, de la provende ou du son; car lorsqu'elle est en état de *crudité*, son eau de végétation contient une portion notable d'acide gallique ou *tanin*, qui oxyde le fer et forme de l'encre avec l'acier des couteaux. Ce suc astringent agit d'une manière funeste sur l'organisation des *Topinambour*, ni de maladies qui ralentissentsa végétation.

animaux et développe chez eux les accidents de la phthisie. — Vers l'année 1800, un pourrisseur de Vincennes, ayant récolté une énorme quantité de pommes de terre, résolut d'en nourrir exclusivement sa vacherie pendant l'hiver, sans la précaution de les faire cuire. Il se trouva mal de cette épargne de combustible. A la vérité, il y eut abondance de lait; mais, l'année suivante, sur vingt et une vaches laitières, il en perdit seize de la maladie nommée *poumelière* ou *pommelière* (phthisie de l'espèce bovine).

Pour débarrasser la pomme de terre de ce principe nuisible, il est indispensable de la cuire à l'eau, à la vapeur, ou de la torréfier au four, en l'y plaçant sur des claies après la cuisson du pain.

4° Aux premières gelées de novembre, il faut se hâter de récolter la *Pomme de terre*. Sinon, à peine atteinte par le froid, elle gèle

3° Ce sont là des soins et des frais de combustibles que le *Topinambour* n'exige pas. Il peut, sans inconvénient, être servi *cru* aux bestiaux et à la volaille; il suffit de le nettoyer à l'eau froide, avant de le faire passer au moulin à racines.

4° Le *Topinambour* est pourvu d'une substance résineuse à laquelle il doit sans doute l'inappréciable avantage de séjourner impuné-

et se décompose. Les moyens usités pour la conserver sont de l'entasser en cave ou de la déposer en terre dans des fosses profondes garnies de paille ; et ces précautions ne la préservent pas toujours , car son humidité naturelle la dispose à fermenter ou du moins à germer.

5° Il faut à la *Pomme de terre* un ou deux binages , ordinairement suivis d'un butage.

6° Le rapport moyen de la *Pomme de terre*, quand elle est travaillée à la main , est d'environ quinze fois la semence. Cultivée en grand, à la charrue, elle rapporte rarement plus de dix. — Dans les deux genres de culture ces produits sont calculés pour des terrains d'une qualité médiocre.

ment tout l'hiver en terre sous plusieurs pouces de neige et de s'y conserver intact. Dans les intervalles de dégel , du 15 décembre à la fin de mars , on en tire assez à la fois pour suffire à la consommation de quelques semaines , avec la seule précaution de commencer toujours l'extraction par le point le plus bas et le plus humide du champ , si le terrain est en pente ou s'il offre des excavations.

5° Un seul binage suffit au *Topinambour* ; immédiatement après il redouble de vigueur, s'empare du sol et n'y souffre plus de rivaux.

6° En terrains également médiocres, le *Topinambour* produit à peu près vingt ou vingt-cinq fois la semence, quand il s'agit de culture à la main , et douze à quinze fois quand il s'agit de culture à la charrue ; c'est-à-dire environ 30 pour 100 de plus que la pomme de terre, à circonstances égales. Car il ne faut pas regarder

7° La fane de la *Pomme de terre* a peu d'utilité. Quand on récolte de bonne heure, les bestiaux la mangent assez volontiers fraîche et encore verte. Si l'on récolte un peu tard, on la trouve macérée par les gelées précoces et souvent réduite en fumier. Dans aucun cas, on ne peut ni la faire sécher ni la conserver comme fourrage d'hiver, car elle entre bientôt en fermentation.

comme établissant une proportion habituelle ce que dit Parmentier, page 361 : «Qu'un pied de *Topinam-* «*bours* avait donné quatorze «livres pesant de tubercules «dans un endroit où un pied «de pommes de terre n'en a-«vait rendu que trois livres.»

7° Les feuilles du *Topinambour* étant peu charnues ne sont pas non plus une ressource pour les troupeaux. Mais cette plante jouit d'un autre privilége : sa tige semi-ligneuse se dessèche promptement et brûle en fournissant assez de chaleur pour chauffer le four. Dans les pays où le combustible est rare et cher, dans les hameaux éloignés des forêts, quel avantage n'est-ce pas de planter à la fois un champ de légumes et un taillis ! On coupe les tiges quand elles sont desséchées, à la mi-décembre, à douze ou quinze centimètres du sol. Deux ou trois hectares de *Topinambours* donnent assez de fagots pour alimenter pendant l'hiver le four où se cuit le pain de toute la famille.

8° On a vu ci-dessus qu'il faut lever la *Pomme de terre* aux premières gelées; comme elle risque d'être désorganisée par le froid, cette opération n'admet point de retard.

8° La récolte du *Topinambour* est la dernière de toutes. Ses feuilles ne se flétrissent que dans le courant de décembre; à cette époque, toutes les céréales sont engrangées, les regains fauchés, les colzas et les maïs rentrés, les vendanges terminées, les pommes à cidre portées au pressoir; lui seul n'exige aucune précaution, car il peut séjourner en terre tout l'hiver et se récolter au fur et à mesure des besoins jusqu'aux premières chaleurs du printemps. L'extraction des tubercules se fait avec une fourche de fer à trois dents. Les souches qui restent après la coupe des tiges suffisent pour indiquer la place où l'on doit fouiller.

9° La consommation de la *Pomme de terre* est en pleine activité à la mi-septembre et devance d'environ trois mois celle du topinam-

9° La consommation du *Topinambour* ne commence guère qu'à Noël, précisément à l'époque où les agneaux naissent et où les

bour. Vers la fin de mars, la pomme de terre travaille, germe et devient impropre à l'alimentation.

brebis-mères ont besoin d'un supplément de nourriture. Moins prompt à germer que la pomme de terre, il s'échauffe plus tard et son tubercule conserve en terre assez de fermeté pour alimenter et soutenir les brebis-nourrices jusqu'à la première pousse des gazons qui, dans le nord de la France, a rarement lieu avant le 10 mai. — Durant sept à huit semaines, le topinambour est donc une ressource unique et inappréciable; car alors il n'y a plus rien dans les granges et il n'y a point encore de pâturage; or, tout éleveur de troupeaux sait, par expérience, combien est pénible et dispendieuse l'alimentation du bétail aux approches et pendant la durée du mois d'avril.

OBJECTIONS

PREMIÈRE OBJECTION.

« Il a, dit-on, l'inconvénient de s'implanter si
« profondément dans le sol, qu'il reparaît dans toutes
« les cultures suivantes pendant plusieurs années. Il ne
« peut donc être employé pour remplir l'année de ja-
« chères. Or, le principal avantage des cultures vertes
« est de pouvoir être intercalées entre deux récoltes
« de céréales, etc. »

Cette objection est spécieuse ; mais voici la ré-
ponse.

D'abord, je n'ai point écrit que la culture du *Topinambour* dût *nécessairement* alterner avec celle des
grains. Au contraire, j'ai dit positivement, dans le
premier mémoire que je publiai sur cette matière en
janvier 1806, tome XXV des *Annales de l'Agriculture
française*, que *le meilleur parti qu'on pût tirer d'un
terrain une fois planté en Topinambours, c'était de l'a-
bandonner pour plusieurs années à cette culture.*
C'était la méthode suivie par M. Yvart, de Maisons-
Alfort, dont les talents et la haute expérience n'ont
jamais été contestés.

Quel est donc le cultivateur qui n'a pas la faculté
de choisir, à portée de son habitation, un champ
d'un hectare (plus ou moins) exclusivement destiné
à lui fournir des vivres frais pour l'hivernage ? Je dis :

A portée de son habitation... car c'est une condition indispensable que la proximité, à raison de la nécessité de charrier les topinambours, afin de les nettoyer à l'eau froide, et de les découper à l'aide du moulin à bras, avant de les offrir aux bestiaux. Un ou deux hectares distraits d'une exploitation d'étendue moyenne n'en dérangent pas l'assolement, et suffiront aux besoin d'un troupeau tout entier pendant plusieurs mois.

Ceux qui penseraient à faire alterner le *Topinambour* avec les céréales n'ont peut-être pas songé qu'il n'a point encore dans nos climats donné de graines parfaitement mûres, et que nous sommes obligés de le multiplier par ses tubercules. Pour peu qu'on voulût aujourd'hui planter de cette manière seulement une demi-douzaine d'hectares, on serait fort embarrassé pour trouver dans le commerce une quantité suffisante de topinambours, la plupart des cultivateurs ayant, à l'époque de la plantation, fait consommer tout ce qui n'était pas rigoureusement nécessaire à la reproduction. Cette culture est encore trop peu répandue ; et, pour la faire entrer dans un assolement régulier, il faudrait d'abord qu'elle s'étendît assez pour que chaque fermier trouvât chez lui sa provision et sa semence. Ce ne serait guère, au surplus, que l'ouvrage de deux ou trois années si l'on s'en occupait sérieusement, car la multiplication du *Topinambour* a quelque chose de prodigieux dans un sol meuble et riche.

Mais, en supposant qu'on veuille absolument faire

succéder la culture d'une céréale au topinambour, examinons si les inconvénients sont bien réels.

Les blés printaniers qu'on peut semer après l'extraction des tubercules sont : l'*avoine*, l'*orge* et le *sarrasin*.

Les pailles d'avoine et d'orge sont ordinairement données aux vaches laitières; si ces pailles sont mélangées de quelques rameaux verts de *Topinambour*, elles n'en seront que plus fourrageuses et plus délicates, comme celles des années pluvieuses où l'herbe abonde dans les blés.

Quant à la paille de sarrasin, elle est coriace et contient peu de principe alimentaire. On ne l'emploie guère que pour litière et pour fumiers.

Si l'on veut faire succéder aux *Topinambours* du seigle ou du froment, les deux labours qu'exigent ces blés d'automne culbuteront à coup sûr la majeure partie des petits tubercules échappés au travail de l'extraction, et quelques jeunes ouvriers suffiront pour les recueillir à la suite du laboureur. C'est une besogne de femmes et d'enfants dont la dépense sera couverte par la valeur des tubercules récoltés.

Enfin, si l'on a semé de la luzerne, du trèfle ou du sainfoin avec l'orge, le sarrasin, l'avoine, le seigle ou le froment, quel inconvénient réel y a-t-il à ce que ces fourrages destinés soit à la consommation en vert, soit au bottelage, contiennent quelques fanes vertes de *Topinambours*, que tous les animaux recherchent avec avidité?

On est donc en droit de conclure que l'objection à laquelle on a répondu n'est pas *sérieuse*.

« Le topinambour ne contient pas de *fécule,* ou de
« substance amilacée. Il est donc moins nourrissant
« que la pomme de terre qui en contient beaucoup. »

En effet, le *Topinambour* ne possède que peu ou
point de *fécule;* mais il est *aromatique* et renferme
du *sucre.*

Le principe alimentaire ne réside pas exclusivement dans la *fécule.* S'il en était ainsi, nos aliments
les plus usuels ne seraient pas nourriciers.

Sans doute personne ne s'avisera de contester les
qualités nutritives du lait, du beurre, du fromage,
du vin, des œufs, de la chair des animaux, de celle
des poissons et des coquillages, des légumes verts de
nos jardins, des fruits mûrs, séchés ou cuits.

Or, il n'y a de *fécule* dans aucune de ces substances
et pourtant elles sont *alimentaires.*

L'*arome* du *Topinambour,* analogue à celui de l'artichaut, semble provenir d'une résine spéciale dont
l'existence a été reconnue en 1805.

Vers la fin d'octobre, quand la séve commence à
descendre, si l'on détache vivement le tubercule de
la tige qui le surmonte, on aperçoit à l'issue des ca-
naux séveux dont la continuité vient d'être rompue
de petites gouttes de la couleur du succin; ces goutte-
lettes sont résineuses et brûlent avec une odeur forte-
ment aromatique : elles sont solubles dans l'alcool.

C'est cette résine qui protége le *Topinambour* contre le froid de l'hiver. Elle est inhérente à la peau du tubercule, à l'écorce et au bois de la tige.

Quant à la substance *sucrée*, elle réside dans le parenchyme et constitue l'élément nourricier dont tous les animaux se montrent si friands.

Cependant, sous le titre : *Analyse du Topinambour*, pages 357 et 358, *Parmentier* déclare qu'il est *dépourvu de sucre*.

C'est une ERREUR ; car le *Topinambour* fournit de l'alcool.

Vers l'année 1839, un certain abbé Ganilh établit dans la commune de Maisons-Alfort une distillerie de *Topinambours*. Un moulin à racines les réduisait d'abord en fragments ; on les soumettait ensuite à une fermentation, puis à une distillation régulière. Cette opération produisait une grande quantité d'eau-de-vie, dans laquelle dominait le goût des culs d'artichaut. Les appareils de cette usine, qui a fonctionné plusieurs mois, avaient été fournis par la maison de MM. Derosne et Cail, fabricants mécaniciens, quai de Billy, près Passy.

En RÉSUMÉ, de quelque nature que soit l'agent alimentaire dont on dispose,

Favoriser la multiplication, l'accroissement et l'engrais du bétail, c'est CRÉER DES VIVRES à l'usage de l'espèce humaine.

L'objection, vraie au fond, n'est donc que spécieuse et n'a point de valeur réelle.

DE L'IMPRIMERIE DE GRATIOT, RUE DE VAUGIRARD, 9

9 782329 268576